设计师手稿系列

服装设计师手稿
速成图册

马克笔手绘时装画

刘笑妍 著

中国纺织出版社有限公司

内 容 提 要

　　本书主要分为三个章节，分别是服装品类篇、服装风格篇、面料质感篇。其中，服装品类篇分为裙装、套装、外套大衣、皮草、羽绒服，服装风格篇分为时尚风格、街头风格、运动风格、中式传统风格，面料质感篇分为纱质面料、缎面面料、绒类面料、棉毛织物、印花面料。书中图例丰富，以马克笔表现为主、油性彩色铅笔为辅，风格实用且易掌握，可供初学者临摹借鉴。

　　本书可作为服装设计专业院校师生的教学参考，也可供时装画爱好者以及相关从业人员学习使用。

图书在版编目（CIP）数据

服装设计师手稿速成图册．马克笔手绘时装画 / 刘笑妍著．-- 北京：中国纺织出版社有限公司，2023.1
　（设计师手稿系列）
　ISBN 978-7-5229-0009-4

　Ⅰ．①服…　Ⅱ．①刘…　Ⅲ．①服装设计 — 图集　Ⅳ.
①TS941.2-64

中国版本图书馆 CIP 数据核字（2022）第 205623 号

责任编辑：孙成成　　责任校对：楼旭红　　责任印制：王艳丽

中国纺织出版社有限公司出版发行
地址：北京市朝阳区百子湾东里A407号楼　邮政编码：100124
销售电话：010—67004422　传真：010—87155801
http://www.c-textilep.com
中国纺织出版社天猫旗舰店
官方微博http://weibo.com/2119887771
北京通天印刷有限责任公司印刷　各地新华书店经销
2023年1月第1版第1次印刷
开本：889×1194　1/16　印张：9
字数：186千字　定价：88.00元

PREFACE 前言

　　成衣是服装产业里的重要组成部分，也是人们的日常穿着服装。书中绘制了许多国际知名高级成衣品牌和国内优秀设计师的设计作品，在画材的使用上以马克笔为主，以油性彩色铅笔为辅。书中的款式经典、廓型明确，绘制重点在于常用面料质感与肌理的表达，鼓励大家在学习使用马克笔这种便捷又易于掌握的绘画技法的过程中摸索出属于自己的服装手绘表现风格。

　　设计师在表现设计主题时，一定会有想要突出的重点部分。试图表达出设计师引以为傲的设计点是时装画的重点和难点，绘画过程应该是轻松而自由的，就像好的设计一定给人简约又舒服的感觉。

　　希望喜欢笔者手绘风格的朋友们也跟随本书一起体会时装画带给我们的安静与平和，那时我们的心是放松的，内心的平静对我们的工作生活益处无限哦！

刘笑妍

2022 年 6 月 13 日

于沈阳航空航天大学

目 录
CONTENTS

第 1 章
马克笔手绘表现技法：服装品类篇

1.1	裙装	2
1.2	套装	14
1.3	外套大衣	24
1.4	皮草	46
1.5	羽绒服	52

第 2 章
马克笔手绘表现技法：服装风格篇

2.1	时尚风格	56
2.2	街头风格	79
2.3	运动风格	94
2.4	中式传统风格	96

第 3 章
马克笔手绘表现技法：面料质感篇

3.1	纱质面料	104
3.2	缎面面料	114
3.3	绒类面料	126
3.4	棉毛织物	128
3.5	印花面料	131

1.1 裙装

1.1.1 裙装手绘范例 ❶

上色要点

　　本案例服装廓型硬朗
简约,色彩绚丽优雅。绘
制时要特别注意面料的质
感表现。此两款成衣面料
不透明且有一定的厚度,
外形比较挺括,尤其体现
在裙摆褶皱和蝴蝶结造型
上。上色时,颜色由深至
浅简单处理即可。

▲ 在连衣裙中平涂中黄色，裙子的褶皱不多，有一处明显的波浪状起伏。右款的蝴蝶结也需平涂中黄色。可先画出褶皱和暗部。肤色和头发的颜色同样先采用平涂技法铺底色。

▲ 画出人物头发的明暗关系，并深入刻画五官，注意，绘制暗部是突出人物立体感的重要手段。

▲ 为连衣裙绘制白色的小鱼和花朵装饰，注意立体装饰颜色的细微渐变。为右侧人物服装上色，包和鞋的基本色都与服装同色。

▲ 绘制此类连衣裙的暗部须深浅适中，暗部画得太深、太重就会使画面变"脏"。接下来绘制右侧服装的暗部。最后，用彩色荧光蜡笔画出背景颜色。

1.1.2 裙装手绘范例 ❷

荷叶边的造型处理要突出面料斜裁
的特点，线条应流畅、顺滑，且须注意
每一层的明暗关系。

上色要点

在白色纸上画白色的裙子时，裙子的
轮廓线条就显得尤为重要了。白色裙子的
暗部不宜画得太重，浅浅的灰色便可以突
出洁净的白色面料质感了。裙子上的图案
有种颜色滴落的效果，画的时候应注意这
个细节特征，用红、黄、蓝三原色的纯色
画出即可。裙摆底部有透明网纹面料，画
的时候可先用灰色铺一层底色，再用白色
高光笔画出排列均匀的网格即可。

1.1.3 裙装手绘范例 ❸

上衣的每个圆圈装饰都是立体的，
上色时应注意圆圈装饰的厚度表现和高
光提亮。注意，不要把每片的颜色画得
一模一样，以免使画面显得毫无变化。

上色要点

首先画出上半身的肤色，再用
淡淡的红色画出透明面料，最好仅
涂一次颜色，如果层数太多，红色
就会过深。在绘制透明面料时，面
料的软硬质感都是通过线条来表
现的。

1.1.4 裙装手绘范例 ❹

人物手中的红色花朵处理方法较为
简单，与服装上色的方法一致，可先画
出红色底色后，再用黑色圆珠笔画出花
朵的层次感即可，层次线条从花心处开
始绘制。通过局部细节图我们可以看出
裙摆的整体明暗关系，位于褶皱阴影里
的图案和裙片上的图案错落分布，画的
时候应真实地表现衔接处的错落关系，
以使画面更加真实、立体。

上色要点

这款连衣裙通身布满了
白色的花朵和叶子作为装饰。
在画图案面料的时候，应该
先把面料的基本颜色和褶皱
的明暗关系都先表现出来，
之后再画图案。

1.1.5 裙装手绘范例 5

上色要点

在绘制裙子的暗部颜色时，面积大的暗部可以选用
深棕色马克笔画出，细小的褶皱暗部可以使用黑色彩铅
绘制。被风吹起的裙摆占据画面中较大的面积，我们在
起稿构图时就要留意人物的位置。

1.1.6 裙装手绘范例 ⑥

在绘制皮质腰带时需要着重留出纯白的高光，尤其注意高光的面积和边缘处的处理。为了使质感看起来更加真实，需要把腰带的黑白灰关系完整表现出来。

上色要点

白色衬衫在上色时需要注意颜色的选择，选择灰色马克笔画白衬衫的暗部时需要选择浅淡的灰色。在绘制行走中的人体时，要注意双腿的前后位置关系，同时须注意高跟鞋的透视关系。

1.1.7 裙装手绘范例 ❼

使用金色勾线笔绘制PVC面料上面的螺旋图案，并为PVC外套勾线。金色的螺旋线会在灰色风衣上面留下明显的阴影，阴影需要表现出来，这些阴影能很好地突出透明面料的立体感。

上色要点

本款服装采用了PVC面料，为了凸显其质感，图中选用了黑色背景，PVC外套的轮廓线采用白色线条勾勒而成。本案例的上色顺序是，先画里面衣服的灰色，再画红色丝质面料，最后画外部的PVC材质外套，从里向外画。在画红色透明的丝质面料时，要留意面料透明度的表现。

1.1.14 裙装手绘范例 ⑭

1.2 套装

1.2.1 套装手绘范例 ❶

上色要点

　　本款灰色套装是典型
的日间礼服造型。人物领
部系同色面料流苏围巾，
袖子造型独特，是与中国
传统服装袖型相似的连肩
袖。可用冷灰色绘制套装
的基本颜色，使用暖灰色
画出丝袜的颜色。

◀　在绘制枣红色的Kelly包时，可先用暗红色的马克笔画出包袋底色，高光部分须用留白的方法处理。包底的铆钉可以用高光笔最后画出。

▲　在绘制金色方扣高跟鞋时，由于金色方扣有很多的切面处理，因此上色时作者使用了黄色马克笔先画出基本色，再用黑色彩铅画出深浅不同的切面颜色。

▲　在绘制黑色腰带时，可先画出冷灰底色，再用深色画出腰带的暗部。肘部和腰带周围的褶皱细密，为了快速上色，可使用黑色彩铅画出所有的暗部。

1.2.2 套装手绘范例 ❷

上色要点

　　丝绒面料是此时装画的表现重点，其亮面与暗面由于反光颜色差距很大，上色时要把亮部的基本颜色画得准确，暗部最好多画几个层次，最深的部分使用黑色表现。

　　套装上衣内搭黑色透明上衣，可先画出肤色，再铺灰色，以表现其透明质感。注意，丝绒面料褶皱最多的部分别画得太乱，褶皱虽然多但是其方向变化、明暗关系是有规律可循的，亮部须提高亮度以区别暗部，进而打造出褶皱起伏的立体感。

1.2.3　套装手绘范例 ❸

上色要点

　　本款套装造型独特，上色时应注意结构线的位置。本图主要的表达重点就是厚重面料与硬质透明欧根纱的对比呈现。上色时可先铺基本颜色，不要使用颜色太重的灰色马克笔，另外，也可以根据个人喜好选择冷灰色系上色。

　　袖子的夸张廓型是通过硬质透明欧根纱来体现的，上色时注意线条要直，褶皱要细密，突出面料的特点。

　　套装的底色和明暗关系画好后，可用金色亮片铺一层，以体现面料的闪光效果和特殊肌理。

1.2.4 套装手绘范例 ❹

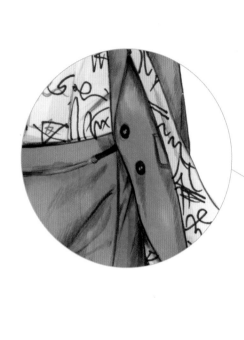

本款范例的重点在于眼镜与衬衫图案的绘制。其中，眼镜片的颜色不宜选用很重的颜色，要由浅入深地着色。衬衫图案很像传统书法中的草书，在画这些线条时不宜过于用力，注意控笔力度能够很好地突出面料的风格和质感。

1.2.5 套装手绘范例 ⑤

上色要点

在绘制组合人物时，模特之间要有呼应，可通过系列感服装的展示而达到相互联系的作用。在构图时要注意模特之间的位置关系，人物之间距离不可太远，并且动态需要相互呼应。

1.2.6 套装手绘范例 ❻

上色要点

　　西装外套和喇叭裤都是
用最浅的蓝色马克笔画出，
上衣的图案是由几何形组
成，由于面积太小可以用彩
色铅笔完成。裤子上的花纹
是类似于丝带状的不规则线
条，可以用针管笔画出，但
要在裤子整体的明暗关系完
全绘制完成之后再画。

1.2.7 套装手绘范例 ❼

上色要点

本范例中两个人物的视
线与动态互相呼应，服装风
格也较为一致，是职场女性
的形象再现。图中服装的绘
画难点主要集中在左侧人物
大衣的格子面料表现上，方
格线条须连贯、流畅、有
规律。

1.2.8 套装手绘范例 ❽

1.2.9 套装手绘范例 ❾

1.2.10　套装手绘范例 ⑩

1.3 外套大衣

1.3.1 外套大衣手绘范例 ❶

上色要点

红色西服套装外穿同色大衣，内着透明质感红色上衣，上色时须注意面料透明度的差别，分别上色。画人物造型时应注意服装的廓型表现，长直线的大量运用也突出了面料的厚度和质感的挺括。

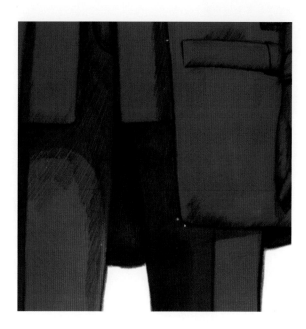

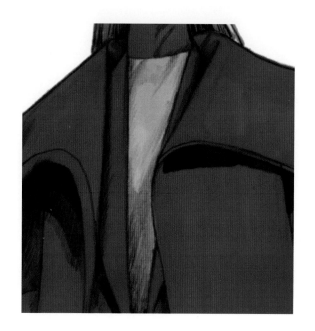

▲ 画暗部时应注意表现其深浅层次感，大衣的后片位于最后，所以暗部颜色最深，与裤子上的暗部反差较大。

▲ 在绘制透明的内搭上衣时，可先画出肤色，再用最浅的红色马克笔在皮肤上浅铺一层颜色，最后用红色彩铅画出胸部的阴影。

◀ 鞋子的带孔较多，鞋带也系得非常密集，绘制时需要耐心勾勒描绘。

1.3.2 外套大衣手绘范例 ❷

上色要点

　　厚重的面料上织出了
清晰的格纹图案，略长一
些的大衣底部点缀有菱形
纹样，衣里和衣面的图案
还存在颜色的差别。上色
时，需要先画出大衣的明
暗关系，再用黑色彩铅描
绘出大衣上的格子图案。

▲ 在绘制图案时，注意要把黑色彩铅的笔尖削得很细，这样才能清楚地画出图案的细节特点。格子图案的线条要整齐有序、粗细均匀。

▲ 系带靴子有方格绗缝细节，这种画法与同类型缝制方法的棉衣一致，画的时候先画出靴子的底色，然后再用黑色圆珠笔或者黑色彩铅画出每个格子的暗部即可。

◀ 在绘制千鸟格图案时应注意其细节特征，不要因为面积小就把图案画错了。如果不确定千鸟格纹样怎么画，可以先在其他纸上把图案放大画出来，用来作为时装画绘图时的参考。

1.3.3 外套大衣手绘范例 ❸

上色要点

　　此套服装的整体颜色
都是橙色，在平涂底色时，
须留出毛衣袖口的黄色部
分。图中没有特别大的明
暗块面，画暗部时不要选
用太重的颜色以免把橙色
画"脏"。图中使用了黑色
圆珠笔画出服装的暗部。

▲　帽子底部处于背光面，颜色要比帽顶深些，可使用高饱和度的橙色画出。画帽子时注意，初学者有时容易把帽围画得略小，导致帽子紧箍在头上，看起来很不舒服。

▲　外套大衣的领口部位有抽带结构细节，画的时候需要注意带子的宽度和硬度，用柔和的线条画出面料柔软的特征。

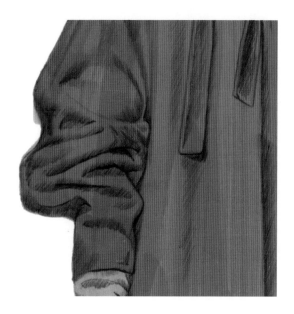

▲　外套袖子采用了宽大廓型，因面料柔软出现了很多圆润的褶皱，画暗部时应注意用笔要柔和一些，不要破坏面料质感。

▲　高跟鞋从踝关节向上开始出现大量褶皱，褶皱的边缘多见圆润轮廓线，画鞋子的外形时应注意这些细节，线条的处理可以直接表达出面料的材质特点。

1.3.4 外套大衣手绘范例 ❹

上色要点

本套服饰的表现重点
在于针织外套的毛绒质感
和蓝色衬衫的细密褶皱。

▲ 这幅画我们可以先从颜色最重的毛绒质感针织外套开始画，由外向内逐步完成。

▲ 在画好蓝色衬衫部分的明暗关系之后，我们开始给裤子上色，可先平涂之后再画出暗部重色。

▲ 蓝色衬衫的前片有大的荷叶边设计，形成了较为复杂的褶皱，褶皱自上而下，我们画的时候要注意这些褶皱的表现。

▲ 裤子部分有一些特别明确的高光。高光部分使用了针管笔结合点画法突出了服装面料的质感。

1.3.5 外套大衣手绘范例 ❺

上色要点

　　本款外套大衣面料较为
硬挺，袖子部位堆积了较多
褶皱，是表现重点之一。

▲ 绘制时，须留意眼镜反光质感的刻画。

▲ 绿色是比较深的颜色，所以它的暗部颜色也相对更重一些。从褶皱的特点可以看出，这款服装的面料并不是很厚，它的褶皱堆积得较为密集。

▲ 这里可以明显看出风衣的绿色偏暖，而内搭服装的绿色是偏冷的。另外，裤子部分有透明面料，因此可先画出色彩相对较重的肤色。由于腿部处于阴影里，所以不必非常清晰地画出腿部的造型。

▲ 在深入表现暗部时，大腿部分的透明面料有很多细密的褶皱，并且处于外套下面，因此颜色会偏深。在画后面那条腿时应注意透视关系的表达，另外还需要把周围下垂的布条的明暗关系也画出来。

1.3.6 外套大衣手绘范例 ⑥

上色要点

　　大衣和西服套装的色调一致，可先画出衣服的主体颜色后，再用高光笔平行画出细条纹，最后用黑色圆珠笔画出褶皱。难点在于面料褶皱较多，暗部转折和角度变化时，白色条纹也应有相应的变化。很多情况下，条纹会中断，如果画条纹时从头到尾都是一根不间断的直线而缺少变化，服装也会显得很不真实。

1.3.7　外套大衣手绘范例 ❼

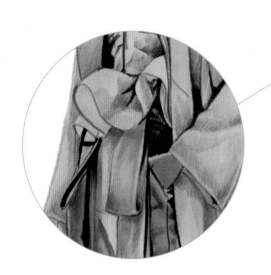

上色要点

　　本款时装画的人物形象呈仰面姿态，五官透视关系须表现准确。另外，衬衫部分的褶皱也是表现重点之一。画面整体色调是浅灰色系，口红颜色不宜太艳丽。裤子是冷灰色，没有特别突出的褶皱，都是一些细小的纹理变化。腰部的抽褶处理形成了大波浪状的起伏效果，画波浪的外轮廓造型时，线条变化要准确。

1.3.8 外套大衣手绘范例 ⑧　　　　　**1.3.9** 外套大衣手绘范例 ⑨

1.3.10 外套大衣手绘范例 ⑩

1.3.11 外套大衣手绘范例 ⑪

1.3.12 外套大衣手绘范例 ⑫　　1.3.13 外套大衣手绘范例 ⑬

1.3.14 外套大衣手绘范例 ⑭

1.3.15 外套大衣手绘范例 ⑮

1.3.16 外套大衣手绘范例 ⑯　　　　**1.3.17** 外套大衣手绘范例 ⑰

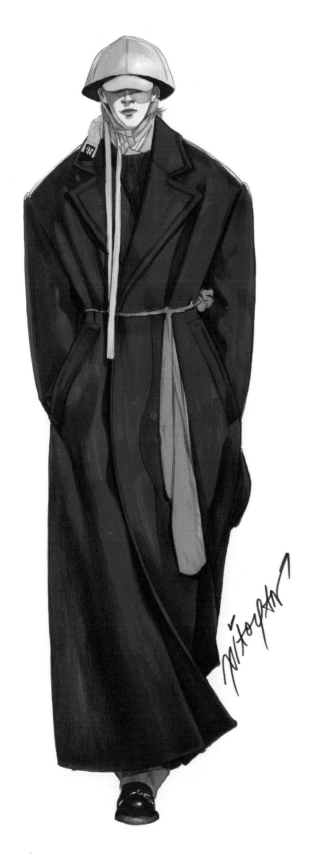

1.3.18 外套大衣手绘范例 ⑱　　**1.3.19** 外套大衣手绘范例 ⑲

1.3.20 外套大衣手绘范例 ⑳   **1.3.21** 外套大衣手绘范例 ㉑

1.3.26 外套大衣手绘范例 26

1.3.27 外套大衣手绘范例 27

1.4 皮草

1.4.1 皮草手绘范例 ❶

平涂蓝色底色时应选浅一点的
蓝色，注意边缘的处理，突出裘皮
面料的特有质感。可选用颜色深一
点的蓝色彩铅画出皮草的明暗关系。

1.4.2　皮草手绘范例 ②

上色要点

上色时应注意整体色调的冷暖，选择马克笔上色时注意主体面料和裘皮部分应同为暖色调。

两块裘皮的背脊处有明显的黑色区域和黑色的针毛，上色时应注意细节的刻画。裘皮部分可用马克笔先画出皮毛的基本颜色，再用黑色彩铅和棕色彩铅画出皮草的层次感。

羊绒大衣的柔软质感需要用黑色彩铅侧峰画出，颜色不宜太重、太实。

1.4.5 皮草手绘范例 ❺

1.4.6 皮草手绘范例 ❻

1.4.9 皮草手绘范例 ❾　　　　**1.4.10** 皮草手绘范例 ❿

1.5 羽绒服

1.5.1 羽绒服手绘范例 ❶

上色要点

　　黑色加厚羽绒服使用了涂层面料，质感比较光滑。通过面料上的高光面积可以体现面料的质感。这款羽绒服在上色时没有直接使用白色画亮部，而是使用浅灰色彩铅来表现。在羽绒服上有平行的线迹，上色时应注意线迹周围会出现细密的小褶皱，用灰色彩铅淡淡地画出即可。

1.5.2 羽绒服手绘范例 ❷

上色要点

羽绒服面料本身带有光泽，也就是说会有大面积的反光部分。上色时应注意找出不同深浅的同色系绿色，在反光与暗部之间的过渡要柔和、自然。

2.1 时尚风格

2.1.1 时尚风格手绘范例 ①

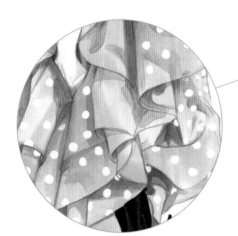

上色要点

　　斜裁的荷叶边面料非常柔软、顺滑，堆积出了许多褶皱阴影。画阴影暗部时，注意不要破坏了上衣浅淡、柔和的色调。因为上身细节较多，下半身上色时基本采用平涂的方法进行简单处理。

▲ 首先，平涂上衣的底色，褶皱的暗部可以使用同一支马克笔，多画几遍，颜色便会逐渐加深。

▲ 裤子的亮部不可以用高光笔完成，高光笔的颜色太白，不适合哑光面料的质感表达。

◄ 在面料的层次和明暗关系画好之后，用高光笔画出白色圆点。面料的正面有圆点，反面没有。注意圆点的间距和大小。

2.1.2 时尚风格手绘范例 **②**

这是一款很有设计感的衬衫套装，上衣前片比较合体，而后片则比较宽松；前片是双层处理，长度明显短于后片。整个套装使用了经典的黑白格纹面料，上色方法简单，先画暗部，再画格子即可。

◀　衬衫前片处于背光面，可先用浅灰色马克笔画出大面积暗部。

▲　格子密集，可以拆分成不同的部分画，如先画出袖子，再画衣片。这样分解任务既能避免眼花画错，也可分步骤、有序地完成整体图案。

▲　另外，也可以先画竖线，再画横线，遇到褶皱时不要忽视线条的起伏变化。

▲　位于褶皱处的格子颜色会偏深，上色时须留意这个细节。

2.1.3 时尚风格手绘范例 ❸

上色要点

　　衬衫有格子，裤子也有格子，
虽然格子的大小、色彩、疏密不
同，但是画法都是一致的。先画好
服装面料的底色，衬衫的格子是白
色细条的格纹，一支高光笔就可以
完成；裤子的格子有颜色和粗细变
化，使用马克笔细端笔尖根据褶皱
变化画出即可。画格子图案切忌画
得又直、又硬。

▲ 在绘制衬衫时，先画出墨绿色竖条纹，注意条纹的粗细不同。画细条纹时，手要稳，如手抖，线条就会挤在一起了。

▲ 在画格子图案之前，先要观察面料的主体格子是横还是竖，可以从主体格子开始画。

▲ 注意横条的间距，遇到褶皱时还要注意线条变化。

▲ 人物的神态也是时装画的要素。服装效果图中的人物要与服装设计风格相一致，与服装一起表达出一种态度。

2.1.4 时尚风格手绘范例 ❹

上色要点

上衣和裤子都是灰色，
上色时，上半身选择冷灰
色系，下半身选择暖灰色
系。皮肤黝黑的人物肤色
可以选择皮肤色系中较暗
的马克笔去画，画法与浅
色皮肤的上色方法一致。

▲ 上衣用马克笔画底色，面积小的暗部则可用黑色圆珠笔完成。

▲ 裤子的底色画好后，再画暗部，最后用圆珠笔画细节。

▲ 裤子底色可使用暖灰色表现，鞋子可使用冷灰色画底色。

▲ 在为灰色系带靴子上色时，注意后面处于阴影位置的靴子要画成黑色。前面的靴子有许多扣眼要画，用高光笔勾勒即可，鞋带处可用针管笔按照穿插规律仔细描绘。

2.1.5 时尚风格手绘范例 ❺

上色要点

　　通常情况下，没有特殊
肌理的面料适合用饱和度较
高的色彩上色，如梭织外套。
有肌理的面料适合用彩铅表
现，彩铅颜色饱和度低，适
合表现表面粗糙的肌理特点，
如毛绒质感连衣裙。

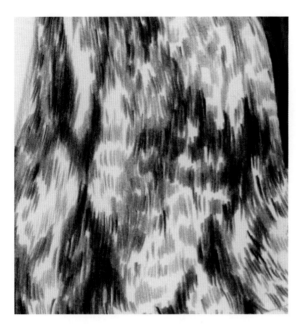

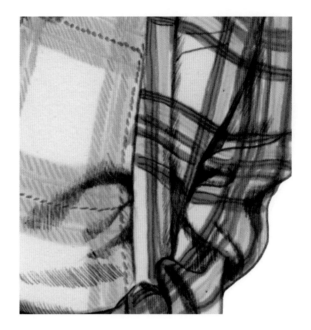

▲ 毛绒质感连衣裙是由菱形图案构成的，有黑、白、紫三种颜色。这种毛绒质感适合用彩铅完成，马克笔颜色太实不适于体现这种质感。注意，用笔应利落、有序，画出短毛的质感。

▲ 外套上的红、绿条纹可以只用马克笔画出，马克笔的色彩饱和度适合纯色的刻画。内搭针织衫的条纹有红、黄、蓝、白四个颜色，可以用彩铅画出，用平行直线画，应注意线条疏密均匀。

◄ 在为漆皮质感的鞋子上色时，大面积的灰色区域可用马克笔画出，白色高光可以用高光笔画出，当然留白最好。鞋跟部有排列均匀的横条纹，可以用彩铅画出。

2.1.6 时尚风格手绘范例 ❻

上色要点

　　这套成衣的面料比较
挺括，所以从起稿到最后
勾线都要用硬朗且富有弹
性的线条完成，从袖子部
分的褶皱和裤腿分衩处的
线条都可以看出面料的质
感特性。

2.1.7　时尚风格手绘范例 ❼

上色要点

　　两套服装的颜色都很清新、淡雅，上色时应注意颜色不要画得太深。注意，紫色上衣的暗部处理要突出面料的丝绸质感。

2.1.8 时尚风格手绘范例 ❽

上色要点

　　肩部的透明面料一定
要使用特别浅的灰色，这
样才能透出皮肤的颜色，
进而塑造出纱质面料透明、
层叠的质感。

2.1.9 时尚风格手绘范例 ❾

🖊 **上色要点**

　　这是一件很有特点的解构主义设计作品，服装的最外面仅剩下领子和前门襟的衬衫"骨架"，衣服的两侧有许多缝份制作的白色流苏。整套服装细节多、层次多，但颜色偏深，绘画时应注意突出服装的层次感。

2.1.10 时尚风格手绘范例 ⑩

上色要点

  这种像"人"字的格子是从织物编织纹中派生出来的，也可以称为"鱼骨纹"或"箭头纹"。这款套装的人字就很大、很长，画的时候可以先用铅笔轻轻地画出每列斜线间的竖线，再用黑色彩铅逐一画出近乎平行的斜线，一次画一纵列。

2.1.11 时尚风格手绘范例 ⑪

上色要点

上衣大面积采用透明
面料，上色时应先画出皮
肤的颜色，然后再用灰色
浅浅画出衬衫的颜色，面
料重叠部分颜色需要加深。

2.1.12 时尚风格手绘范例 ⑫

上色要点

黑色服装的表现方法
基本相似，在平涂大面积
底色黑色之后，使用白色
彩铅画出高光部分即可。
注意，面料的亮部也是有
深浅变化的。

2.1.13 时尚风格手绘范例 ⑬

上色要点

画格子马甲时，应注意口袋上的胸省，格子条纹会因省道工艺而发生改变。另外，阔腿裤的褶皱也是画面表现的难点所在。

2.1.14 时尚风格手绘范例 ⑭　　　　**2.1.15** 时尚风格手绘范例 ⑮

2.1.16 时尚风格手绘范例 ⑯

2.1.17 时尚风格手绘范例 ⑰

2.1.18 时尚风格手绘范例 ⑱

上色要点

　　纱裙的斜条纹自身也
有明暗变化，上色时要留
意这个细节。另外，纱裙
采用斜裁工艺，悬垂性强。
裙子的边缘可用黑色彩铅
加重勾出。

2.1.19 时尚风格手绘范例 ⑲

上色要点

高腰线的款式结构可以凸显修长的腿部线条。在绘制时应注意突出裤子面料的悬垂性与褶皱效果。

2.2 街头风格

2.2.1 街头风格手绘范例 ❶

上色要点

　　这款街拍的长裤质感非常柔软，从上面非常多的柔和褶皱就能看出来。在画模特手包的时候要注意表现皮革的质感，如上面的一些皮革面料独有的褶皱特点，刻画的时候要留意这些小的细节。

2.2.2 街头风格手绘范例 ❷

上色要点

　　画豹纹的时候要注意疏密得当，不要把每一块单元图案画得一模一样。动物毛皮的自然生长状态不同，纹理也是不一样的。一般可以从领子开始往下画，每个单元图案都不相同，但应匀称，间距不可忽大忽小，以打造出丰富、自然的视觉效果。

2.2.3　街头风格手绘范例 ❸

上色要点

　　本套服饰中有形态不同的两种格子图案，夹克衫上的格子是正方形，可用土红色水溶性彩铅在马克笔底色上画出，画格子面料时要注意褶皱处的起伏变化。裙摆底部和红色高跟鞋有呼应的羽毛细节设计，尤其是鞋子部分要格外注意用笔，线条要画得柔软、轻盈，突出羽毛边缘处的质感。

2.2.4 街头风格手绘范例 ❹

上色要点

　　花衬衫要先画彩色的花朵，再画
黑色底色。画黑色底色时一定要小
心，可以用细一些的笔画，以免涂进
花朵图案里。

2.2.5 街头风格手绘范例 ❺　　　**2.2.6** 街头风格手绘范例 ❻

2.2.7 街头风格手绘范例 ❼

2.2.8 街头风格手绘范例 ❽

2.2.9 街头风格手绘范例 ⑨

2.2.10 街头风格手绘范例 ⑩

2.2.11 街头风格手绘范例 ⑪

2.2.12 街头风格手绘范例 ⑫

2.2.13 街头风格手绘范例 ⑬

2.2.14 街头风格手绘范例 ⑭

2.2.15 街头风格手绘范例 ⑮

2.2.18 街头风格手绘范例 ⑱

2.3 运动风格

上色要点

运动装具有很强的功能性，会体现穿着者的活力，通常会用非常耐用的材料制成，为特定的运动而设计，舒适便于活动，既透气又防风。色彩也会经常使用鲜明耀眼的亮色突出运动的特点与活力。

2.3.2 运动风格手绘范例 ❷

2.3.3 运动风格手绘范例 ❸

2.4 中式传统风格

2.4.1 中式传统风格手绘范例 ❶

上色要点

　　马面裙的裙摆两侧褶皱多，上色时要留意暗部的层次变化，近处的暗部颜色可以略微画得重一些，裙摆勾线时线条可以处理得自然、柔和一些。画中式婚服时，刺绣图案不可马虎，应该认真、严谨地勾勒清晰。

2.4.2 中式传统风格手绘范例 ❷

上色要点

　　这款裙子在胸部和腰部都有流苏装饰，画流苏的时候要注意表现它的悬垂感。因为流苏和服装面料同色，所以需要把前后层次区分开来。

2.4.3 中式传统风格手绘范例 ❸

上色要点

本款时装画上半身虽然面积不大，但是花朵和颜色不少，涂色时要先画出花朵的颜色，再画衣片底色。半裙上有许多暗花，为了表现提花面料的图案，这里采用了洗色的技法，再选择比裙子颜色浅的红色马克笔画出花纹。

2.4.4 中式传统风格手绘范例 ❹

2.4.5 中式传统风格手绘范例 ❺

2.4.6 中式传统风格手绘范例 ❻

上色要点

　　首先观察刺绣的色彩和形状，
我们发现裙子上面都是金色的刺
绣，所以可以先画裙子底色。之
后调整画面明暗关系。最后画金
色的图案，因为金色笔可以盖住
服装的底色，所以画金色刺绣在
最后一步完成即可。

2.4.7 中式传统风格手绘范例 ❼

上色要点

　　不透明服装面料的上色方法是从平涂服装的基本颜色开始，底色铺好后略微处理暗部即可。由于黑色套装的颜色是马克笔里最重的颜色120号，我们平涂底色时需要考虑暗部的色彩选择，为了可以看出暗部是最深的颜色，平涂上衣基本颜色时就要选择相对暗部浅一些的颜色。

第3章

马克笔手绘表现技法：面料质感篇

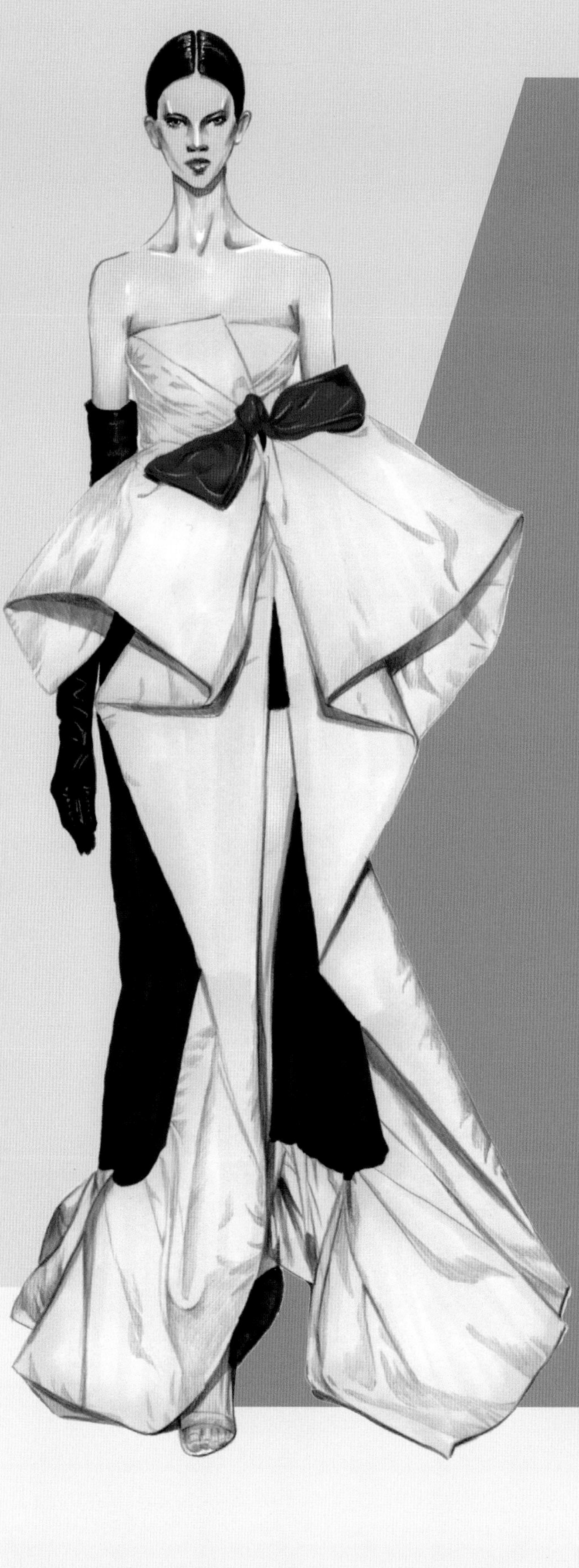

3.1 纱质面料

3.1.1 纱质面料手绘范例 ❶

上色要点

　　根据裙子的特点我们看
出手绘时需要注意的部分就
是多层的细密抽褶处理。褶
皱的根部由于面料堆叠，所
以颜色很深、不透明。褶皱
的边缘比较透明，但也要注
意其角度，需要使用黑色彩
铅辅助完成。

3.1.2 纱质面料手绘范例 ❷

上色要点

服装面料轻薄、
透明，模特在行进中
显得非常飘逸，无论
是起稿还是上色都要
注意面料质感的表现，
避免使用直线，而是
用连贯、顺滑的曲线。

3.1.3 纱质面料手绘范例 ❸

3.1.4 纱质面料手绘范例 ❹

3.1.5 纱质面料手绘范例 ❺

3.1.6 纱质面料手绘范例 ❻

3.1.7 纱质面料手绘范例 ❼　　　**3.1.8** 纱质面料手绘范例 ❽

3.1.9 纱质面料手绘范例 ⑨

上色要点

　　红色蕾丝长裙上半身的蕾丝比较密集、清晰，时装画中服装面料的质感表现主要在于这些细节的认真刻画。

3.1.10 纱质面料手绘范例 ⑩

　　像图中服装上有明显图案或蕾丝的服装，手绘的时候需要注意图案的完整和清晰。例如，左侧人物的站姿是3/4转体，因此对应的图案也应该有相应的变化，以符合透视规律。

3.1.11 纱质面料手绘范例 ⑪

3.1.12 纱质面料手绘范例 ⑫

3.2 缎面面料

3.2.1 缎面面料手绘范例 ❶

上色要点

　　黝黑的肤色是我们不经常画的，选择皮肤底色时不可太深，以免影响暗部的色彩选择。

▲ 在上色之前一定要谨慎选择马克笔的深浅组合色，配套完成深浅变化的表达。

▲ 在绘制粉色裙子时，先平涂底色，粉色本身浅淡，可以透出铅笔底稿，这样也有助于我们处理裙子的明暗关系。铅笔稿笔迹不可过深、过乱，以免破坏画面效果。整体画面需要干净、整洁。

▲ 根据粉色透出的铅笔结构线画出粉色的暗部和高光部分，把握住明暗关系，以塑造出裙子的立体效果。

▲ 通过对裙子褶皱和堆积在地面的裙摆可以看出，裙子的面料是有厚度、有重量的，这一点通过长直线和转折处的面料轮廓就足以体现。

3.2.2 缎面面料手绘范例 ❷

上色要点

　　缎面面料光滑柔软，暗部会
出现颜色特别重的反光，由于面
料的细腻质感会出现细小的褶皱
或纹理，这些都是手绘真丝面料
时要留意的细节表达。

3.2.3　缎面面料手绘范例 ❸

上色要点

明确的明暗关系是表现缎面礼服质感的关键，请留意画中大面积的黑色阴影。

3.2.4 缎面面料手绘范例 ❹

3.2.5 缎面面料手绘范例 ❺

3.2.6 缎面面料手绘范例 ⑥　　　　　**3.2.7** 缎面面料手绘范例 ⑦

3.2.8 缎面面料手绘范例 ❽　　　**3.2.9** 缎面面料手绘范例 ❾

3.2.10 缎面面料手绘范例 ⑩

3.2.11 缎面面料手绘范例 ⑪

3.2.12 缎面面料手绘范例 ⑫

3.2.13 缎面面料手绘范例 ⑬

3.3 绒类面料

3.3.1 绒类面料手绘范例 ❶

上色要点

在绘制通身统一色调的服装时，对整体色调的色相、明度、纯度的把握非常关键。如果处理不好，很容易导致整体色调不协调，进而影响视觉效果。

法兰绒面料的肌理表现是这张效果图的难点。法兰绒面料的明暗反差较大，在上色时要留意这种非常明显的色彩明暗跨度，为了让面料看起来更加细腻、柔和，可用不同深浅的重色丰富暗部层次。

3.3.2 绒类面料手绘范例 ❷

上色要点

　　法兰绒面料雍容华贵，面料本身的质感使颜色产生了丰富的变化，总体上讲是暗部占主导地位，边缘处会出现反差特别大的亮色。

3.4 棉毛织物

3.4.1 棉毛织物手绘范例 ❶

上色要点

　　时装的主体颜色是黑色，由半
透明和不透明两种面料构成。上色
时控制好笔色的深浅变化就可以很
容易地画出想要的效果。

3.4.2 棉毛织物手绘范例 ❷

3.4.3 棉毛织物手绘范例 ❸

3.4.4 棉毛织物手绘范例 ❹

3.5 印花面料

3.5.1 印花面料手绘范例 ❶

上色要点

绘制上半身的透明面料时，需要先在肤色上浅铺一层底色，然后画出面料上的立体蕾丝。裙摆的面料雍容华贵、质地厚重，上色时不用描绘太多的层次，暗部用黑色完成。

3.5.2 印花面料手绘范例 ❷

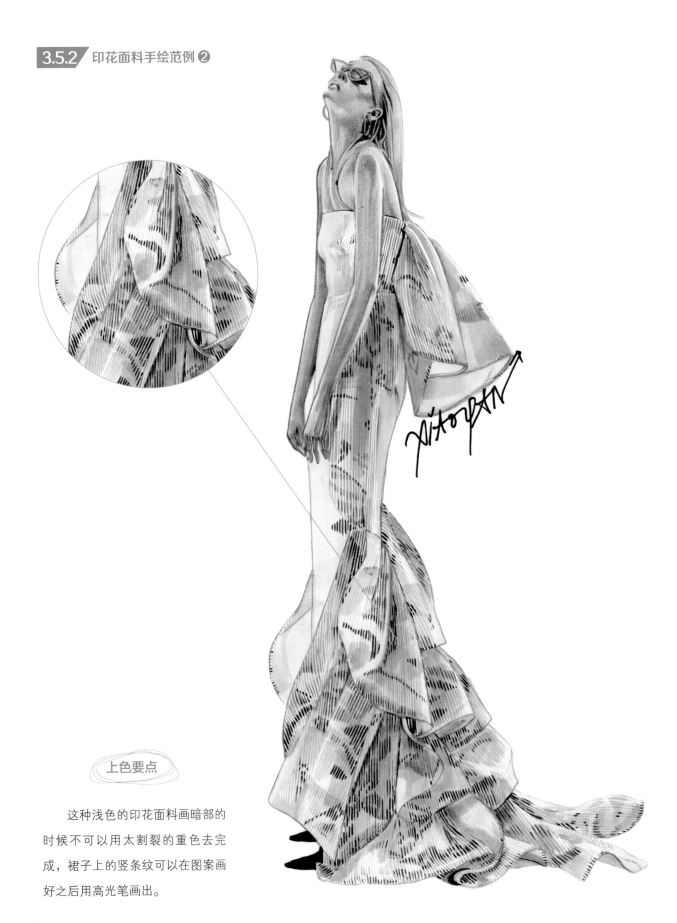

上色要点

这种浅色的印花面料画暗部的
时候不可以用太割裂的重色去完
成，裙子上的竖条纹可以在图案画
好之后用高光笔画出。

3.5.3 印花面料手绘范例 ❸

3.5.4 印花面料手绘范例 ❹

3.5.5 印花面料手绘范例 ⑤

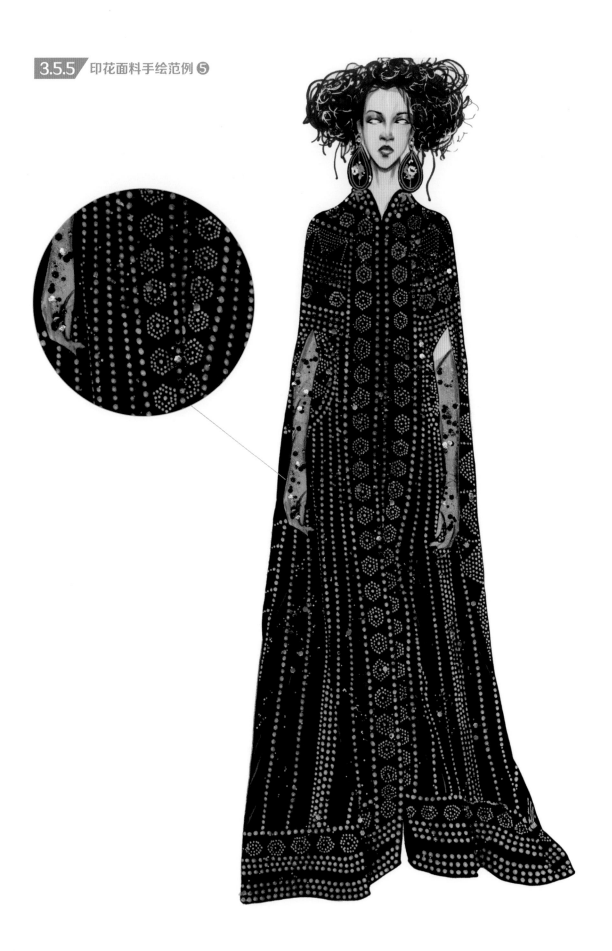

3.5.6 印花面料手绘范例 ❻

3.5.7 印花面料手绘范例 ❼

3.5.8 印花面料手绘范例 ⑧